SACH

LEBEN IM WALD

Sue Jacquemier (Hrsg.)

DAS LEBEN IM WALD

Aus dem Englischen
von
Hans Joachim Conert

RAVENSBURGER BUCHVERLAG

Mit Bildern von John Barber, Joyce Bee, Trevor Boyer, Hilary Burn, William Giles, Victoria Goaman, Andy Martin, Annabel Milne, Peter Stebbing, Chris Shields, Phil Weare

Deutsche Erstausgabe
als Ravensburger Taschenbuch
Band 3045
erschienen 1997

Erstmals in den Ravensburger
Taschenbüchern erschienen 1980
(als RTB 624)

Die Originalausgabe erschien 1979
im Verlag Usborne Publishing Ltd., London
unter dem Titel „Spotter's Guide to Woodland Life"

Beiträge von: Jessica Datta, Esmond Harris,
Peter Holden, Chris Humphries, Alfred
Leutscher, Ruth Thomson

Umschlagillustration: Jens Schmidt
unter Verwendung von Motiven des
Originalumschlags

RTB-Reihenkonzeption:
Heinrich Paravicini, Jens Schmidt

**Gesamtherstellung: Appl, Wemding
Printed in Germany**

**Die Schreibweise entspricht den Regeln
der neuen Rechtschreibung.**

6 5 4 3 2 1 01 00 99 98 97 96

ISBN 3-473-53045-X

SACHBUCH

INHALT

Einleitung

Wie man dieses Buch benutzt

In diesem Buch werden Pflanzen und Tiere abgebildet und beschrieben, die du in den Wäldern Mitteleuropas beobachten kannst. Wenn du demnächst eine Wanderung machst, nimm es mit und achte besonders auf die Lebewesen, die du durch die Abbildungen bereits kennst. Hake jede entdeckte Art in dem Kreis ab, der neben dem Bild steht.

Was die Abbildungen zeigen

Die Bäume werden stets als Ganzes dargestellt. Bei den Laubbäumen zeigt eine kleinere Abbildung zusätzlich, wie er im Winter aussieht. Außerdem werden Blätter, Blüten und Früchte (bei den Nadelbäumen Zapfen) und die Rinde dargestellt, wenn sie zum Erkennen des Baumes wichtig sind.

Auch die Wildpflanzen sind meist als Ganzes gezeichnet, manchmal wird das Bild durch eine vergrößerte Blüte ergänzt.

Bei den Tieren wird das ganze Tier gezeigt, bei den Säugetieren außerdem der Abdruck eines Vorder- und eines Hinterfußes.

Es gibt viele hundert verschiedene Pilzarten, die unmöglich alle hier abgebildet werden können. Wir haben uns auf einige Beispiele beschränkt. Wenn du dich mehr mit den Pilzen beschäftigen willst, musst du auf jeden Fall ein spezielles Buch haben.
Die Pilze, die du nicht kennst, solltest du stehen lassen und nicht zerstören. Vielleicht ist der eine oder andere essbar, und der nächste Wanderer freut sich darüber. Niemals darfst du Pilze essen, die nicht ein pilzkundiger Erwachsener kontrolliert hat!

Die Punktekarten

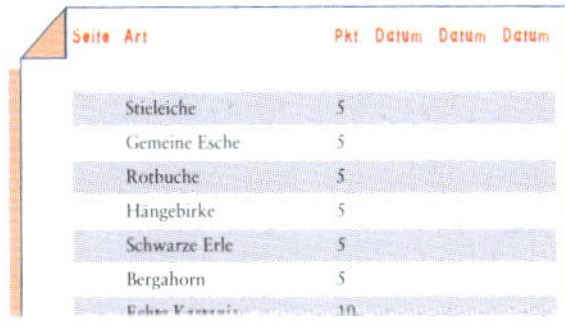

Seite	Art	Pkt.	Datum	Datum	Datum
	Stieleiche	5			
	Gemeine Esche	5			
	Rotbuche	5			
	Hängebirke	5			
	Schwarze Erle	5			
	Bergahorn	5			

Am Ende des Buches findest du Punktekarten, in die du deine Funde eintragen kannst. Für jeden erhältst du eine bestimmte Anzahl von Punkten, und wenn du am Abend wieder zu Hause bist, kannst du zusammenzählen, wie erfolgreich du auf der Wanderung warst.

Der richtige Maßstab

Die abgebildeten Pflanzen und Tiere sind so verschieden groß, dass sie nicht alle im gleichen Maßstab dargestellt werden können. Deshalb wird ihre Größe in der Beschreibung erwähnt. Wie die einzelnen Gruppen dabei gemessen werden, zeigen die folgenden Bilder.

Vögel: Länge von der Schnabelspitze bis zur Schwanzspitze in cm

Wildpflanzen, Farne und Bäume: Höhe in cm oder m

Huftiere: Schulterhöhe in m oder cm

Kleinsäuger: Länge von der Nasenspitze bis zum Schwanzansatz in cm

Schmetterlinge: Flügelspannweite in mm

Insekten: Körperlänge (ohne Fühler) in mm

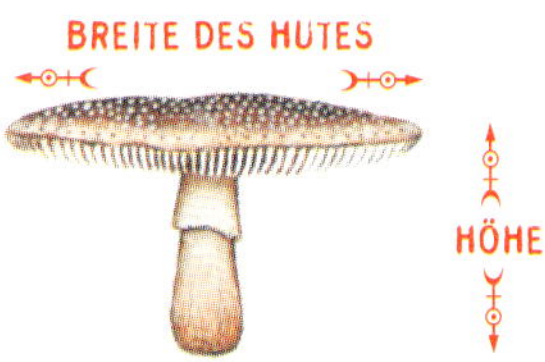

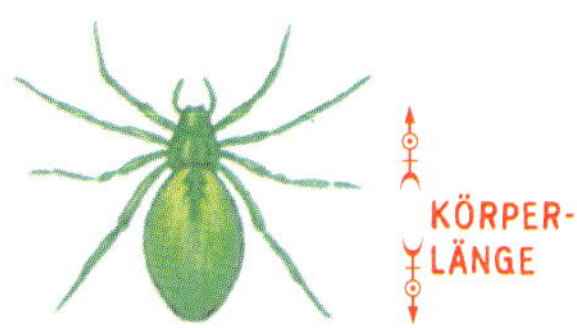

Pilze: Breite des Hutes und Höhe des Pilzes in cm

Spinnen: Körperlänge (ohne Beine) in mm

Der Schutz des Waldes

Die Lebensgemeinschaft

Der Wald ist eine Lebensgemeinschaft, in der viele verschiedene Pflanzen und Tiere zusammen leben. Jeder einzelne Bewohner ist auf die anderen angewiesen und kann ohne sie nicht existieren. Man muss deshalb dafür sorgen, dass alle Mitglieder dieser Lebensgemeinschaft geschützt werden. So ist es z. B. ganz unmöglich, für die Pflege und Ausbreitung der Vögel zu sorgen, wenn man gleichzeitig die Bäume und Sträucher vernichtet, von deren Beeren sie sich ernähren.

Wenn du in den Wald gehst, solltest du vorher einmal darüber nachdenken. Dann wirst du bald verstehen, warum man keine Pflanzen ausgraben und keine Äste abbrechen darf, warum man einen brütenden Vogel oder ein äsendes Reh nicht stören darf und dass auch ein für uns Menschen giftiger Pilz zu dieser Lebensgemeinschaft gehört.

Wie man Tiere beobachtet

Wenn du eine Wanderung durch den Wald machst, willst du natürlich auch Tiere beobachten, wie z. B. Hirsche und Rehe, Wildschweine oder Füchse. Wenn du an diese scheuen Tiere nahe genug herankommen willst, musst du einige Regeln beachten: Ziehe möglichst dunkle Kleidung an, damit du schwer zu erkennen bist. Setze eine Mütze mit breitem Schirm auf, damit dein Gesicht nicht weithin leuchtet. Wenn du dich anschleichst, solltest du darauf achten, dass dir der Wind entgegenbläst, damit die Tiere dich nicht riechen können. Tritt möglichst nicht auf Zweige, die mit einem lauten Geräusch zerbrechen. Bleibe immer hinter Bäumen und Gebüschen, damit die Tiere dich nicht sehen können. Wenn du nahe genug herangekommen bist, benutze dein Fernglas, um sie genau zu betrachten. Danach ziehst du dich genauso vorsichtig wieder zurück. Nur wer von Tieren nichts versteht, wird sie jetzt erschrecken und verjagen.

Laubbäume

STIELEICHE

Ein wichtiger Waldbaum, kann über 1000 Jahre alt werden. Stamm mit tief gefurchter Borke. Blätter kurz gestielt. Fruchtbecher kahl. Verbreitet. April–Mai.

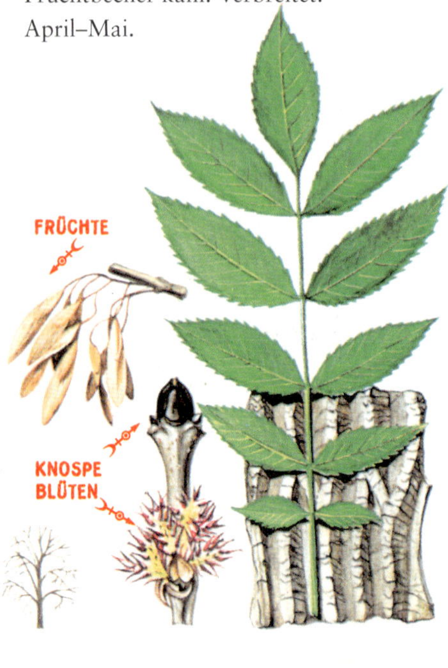

GEMEINE ESCHE

Blätter mit 9–13 Blättchen. Blüten vor den Blättern erscheinend. Knospen schwarz. Häufig. April–Mai.

ROTBUCHE

Ein wichtiger Waldbaum. Blätter zuerst seidig behaart, grün oder rotbraun (Blutbuche). Früchte (Bucheckern) essbar, dreikantig. Überall in Laubwäldern. April–Mai.

HÄNGEBIRKE

Junge Zweige herabhängend. Blätter dreieckig, mit langer Spitze. Früchte geflügelt. Verbreitet. April–Mai.

SCHWARZE ERLE

Zweige kahl. Blätter oberseits kahl, unterseits hellgrün, mit rotbraunen Haarbüscheln. Verbreitet und häufig; an Gewässern. März–April.

BERGAHRON

Ein wertvoller Laubbaum. Blätter fünflappig, oberseits dunkelgrün, unterseits grau-grün. Blüten und Früchte in einer hängenden Traube. Laubwälder; verbreitet. Mai–Juni

ECHTE KASTANIE

Blätter unterseits behaart. Frucht (Marone) essbar. In Süddeutschland eingebürgert, sonst angepflanzt und selten. Heimat: Mittelmeergebiet. Mai–Juni.

VOGELBEERE, EBERESCHE

Ein wertvoller Waldbaum. Blätter aus 9–15 Blättchen zusammengesetzt, unterseits behaart. Früchte bitter, aber vitaminreich. Verbreitet. Mai–Juli.

VOGELKIRSCHE

Blattstiel am oberen Ende mit einer oder zwei auffallenden Drüsen. Früchte etwa 0,5 cm groß. Nicht selten. Kultursorten als Obstbaum angepflanzt. April–Mai.

GEMEINE STECHPALME

Blüten klein. Rote Steinfrucht mit vier Samen. Wälder in West- und Norddeutschland; sonst nur angepflanzt und selten. Mai–Juni.

SALWEIDE

Blätter eiförmig, etwas gekerbt, oberseits dunkelgrün und kahl, unterseits blaugrün und filzig. Lichtungen; häufig. Sehr weiches Holz. März–Mai.

ZITTERPAPPEL, ESPE

Stamm zuerst glatt, später mit rissiger, dunkler Borke. Blätter fast kreisförmig, stumpf gezähnt. Lichte Laubwälder; verbreitet und häufig. März–April.

HAINBUCHE

Blätter schmal-eiförmig, zugespitzt. Frucht mit einer dreilappigen Hülle verwachsen. Auch als Hecke angepflanzt. Verbreitet und häufig. Mai–Juni.

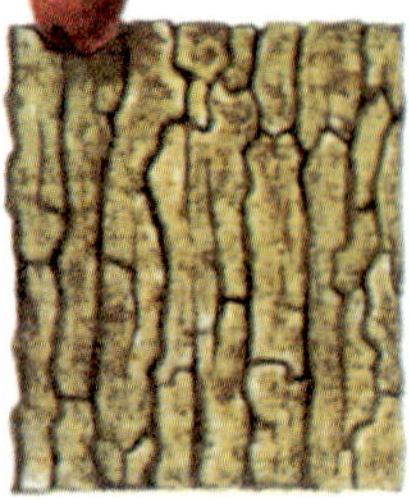

EINGRIFFELIGER WEISSDORN

Strauch oder Baum. Blätter tief gelappt. Blüten in dichten Rispen, Stiele behaart. Gebüsche, Laubwälder; überall verbreitet. Mai–Juni.

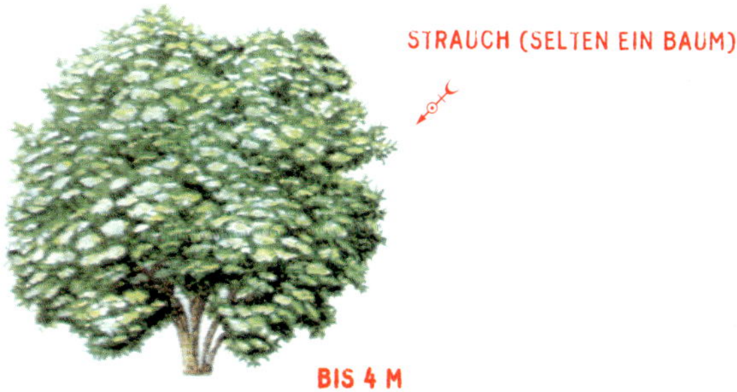

HOLUNDER

Strauch oder Baum mit zusammengesetzten Blättern. Die weißen Blüten in einer dichten Dolde. Alle Teile des Strauches (mit Ausnahme der schwarzen Früchte) sind giftig! Häufig an Waldrändern und in Hecken.

Nadelbäume

WALDKIEFER

Ein wichtiger Waldbaum. Nadeln unterseits blaugrün. Zapfen zuerst grün, später verholzend und braun. Kiefern- und trockene Mischwälder, häufig angepflanzt. Mai–Juni.

EUROPÄISCHE LÄRCHE

Ein häufiger Waldbaum. Junge Zweige dunkelbraun. Nadeln im Herbst abfallend. Zapfen bis 2 cm lang. In den Alpen wild, sonst angepflanzt. April–Juni.

GEMEINE FICHTE

Ein wichtiger Waldbaum. Nadeln vierkantig, spitz und stechend. Zweige rau wie eine Raspel. Wild nur in den Mittelgebirgen und Alpen, aber überall angepflanzt. April–Juni.

WEISSTANNE

Nadeln flach, Unterseite mit zwei Wachsstreifen. Zweige rund und glatt. Nur in Süd- und Mitteldeutschland heimisch, sonst angepflanzt und selten. Mai–Juni.

EIBE

Bäume männlich oder weiblich. Nadeln bis 3 cm lang, flach, immergrün. Zerstreut. Rinde, Nadeln und Knospen sind giftig! März–April.

ZIEGENMELKER ODER NACHTSCHWALBE

Brütet bei uns in Heidegebieten und Mooren. Überwintert in Afrika. Jagt in der Dämmerung Käfer und Nachtfalter. Etwa 27 cm lang.

SPERBER

Brütet und überwintert bei uns. Lebt vor allem in Nadelwäldern. Jagt meist Singvögel. 28–38 cm lang.

MÄUSEBUSSARD

Häufig. Brütet im Wald, braucht aber zur Jagd Felder und Wiesen. Rüttelt über einer Stelle und stößt blitzschnell auf Mäuse, Würmer und auch Vögel herab. 50–56 cm lang.

WALDKAUZ

Von unseren Eulen die häufigste. Lebt in Wäldern und Parks. Schläft tagsüber auf Bäumen. Erbeutet Mäuse und Kaninchen sowie Vögel. 37–40 cm lang.

BUNTSPECHT

Bei uns der häufigste Spechtvogel. Lebt in Wäldern und Parks und hackt Insektenlarven aus morschen Bäumen. 23–25 cm lang.

WEISSE FLECKE AUF DER OBERSEITE

KLEINSPECHT

Brütet in Laub- und Mischwäldern sowie Parks. Bewohnt Baumkronen. Frisst Insekten, aber auch Früchte. Etwa 15 cm lang.

RÜCKEN GESTREIFT

GRÜNSPECHT

Brütet in Laub- und Mischwäldern in Baumhöhlen. Hält sich viel auf dem Boden auf und fängt Ameisen, aber auch Hummeln und Käfer. Frisst auch Früchte. 32–35 cm lang.

MÖNCHSGRASMÜCKE

Brütet in Wäldern, Parks und Gärten; überall, wo es viele Büsche gibt. Frisst Insekten und andere kleine Tiere. Etwa 14 cm lang.

FITIS

Gehört zu den häufigeren Singvögeln. Brütet bei uns, überwintert in Afrika. Lebt in feuchten Wäldern und Parks. Das Nest wird auf dem Boden gebaut, ist aber gut versteckt. Etwa 11 cm lang.

ZILPZALP

Hat seinen Namen nach dem Gesang. Kommt im März zum Brüten zu uns. Lebt in Wäldern, Parks und Friedhöfen, oft in Wassernähe. Sucht nach Insekten und Spinnen. Etwa 11 cm lang.

WALDLAUBSÄNGER

Brütet bei uns, zieht aber bereits im August nach Afrika, kommt Ende April zurück. Lebt in Laubwäldern und Parks. Das Nest steht auf dem Boden. Etwa 13 cm lang.

SCHWANZMEISE

Brütet bei uns und lebt in Gehölzen und Gebüschen. Sucht Insektenlarven. Etwa 14 cm lang, davon mehr als die Hälfte der Schwanz.

SUMPFMEISE

Brütet bei uns. Lebt in Laubwäldern. Frisst Insekten, Samen und Früchte. 11–12 cm lang.

GARTENGRASMÜCKE

Brütet in baumbestandenen Wiesen und an Waldrändern, überwintert in Afrika. Frisst Insekten und Beeren. Etwa 14 cm lang.

TANNENMEISE

Brütet in Nadelwäldern. Frisst kleine Insekten und Samen. Hat einen weißen Fleck auf dem Hinterkopf. Etwa 11 cm lang.

TRAUERSCHNÄPPER

Brütet bei uns und zieht ab Ende Juli bis September nach Afrika. Bewohnt Laubwälder. Frisst Insekten und ihre Larven. Etwa 13 cm lang.

GARTENROTSCHWANZ

Macht knicksende Verbeugungen. Ist in Wäldern häufig. Überwintert in Afrika und Arabien. Frisst Insekten. Etwa 14 cm lang.

SOMMERGOLDHÄHNCHEN WINTERGOLDHÄHNCHEN

Brüten bei uns, das Sommergoldhähnchen zieht aber im Herbst nach Süden. Leben meist in Nadelwäldern. Fressen Insekten und Spinnen. Etwa 9 cm lang.

ROTKEHLCHEN

Häufig, brütet bei uns und bleibt auch im Winter hier. Lebt in Wäldern mit dichtem Unterwuchs, in Parks und Gärten. Hält sich viel auf dem Boden auf und frisst Insekten, Würmer und Früchte. Etwa 14 cm lang.

BUCHFINK

Häufig. Brütet bei uns, die Weibchen ziehen meist im Herbst nach Süden. Lebt in Gehölzen aller Art. Frisst Insekten, Knospen und Früchte. 15–16 cm lang.

FICHTENKREUZSCHNABEL

Bei uns meist in Nadelwäldern der Gebirge. Ernährt sich von Fichtensamen, die aus dem Zapfen gezogen werden. 16–18 cm lang.

ZEISIG

Bei uns vor allem in den Wäldern der Alpen und Mittelgebirge. Frisst Früchte der Erlen und Birken sowie Fichten- und Tannensamen. Etwa 12 cm lang.

BIRKENZEISIG

Die in England und Mitteleuropa vorkommende Rasse brütet in den Alpen, die nordischen Vögel überwintern bei uns in Laubwäldern. Etwa 13 cm lang.

WALDBAUMLÄUFER

Brütet und überwintert bei uns. Lebt in Mischwäldern und klettert wie ein Specht an den Stammen herum. Benutzt den Schwanz als Stütze. 12–13 cm lang.

EICHELHÄHER

Auffallend durch seinen Ruf. Brütet und überwintert bei uns. Lebt in Wäldern. Frisst Kleintiere und Vögel sowie Früchte und Samen. Etwa 35 cm lang.

KLEIBER

Klettert auch kopfabwärts an Baumstämmen. Brütet und überwintert bei uns. Lebt in lichten Laubwäldern. Frisst Insekten, Spinnen und Samen. Etwa 14 cm lang.

RINGELTAUBE

Bei uns die größte und häufigste Taube. Lebt in Wäldern, Parks und Grünanlagen. Bildet im Herbst große Schwärme. 40–44 cm lang

FASAN

Oft auf Feldern zu sehen. Schläft auf Bäumen. Frisst Beeren, Eicheln, Blätter, aber auch Insekten, Würmer, Schnecken und Kleinsäuger. Hahn etwa 80 cm, Huhn etwa 60 cm lang.

WALDSCHNEPFE

Brütet bei uns in Laub- und Mischwäldern. Frisst Insekten, Würmer und Schnecken. Fliegt erst in der Dämmerung. 34–36 cm lang.

AUERHUHN

Unser größter Hühnervogel. Kommt heute nur noch in den Alpen und Mittelgebirgen vor. Frisst Blätter und Knospen, Beeren und Eicheln. Hahn etwa 86 cm, Huhn etwa 62 cm lang.

Säugetiere

ROTHIRSCH

Lebt rudelweise in Wäldern und Grasländern. Außerhalb der Paarungszeit bilden Männchen und Weibchen eigene Rudel. Frisst Gras, Eicheln, Zweige, aber auch Mais und Kartoffeln. Schulterhöhe (SH) 1–1,5 m.

DAMHIRSCH

Stammt aus dem Mittelmeerraum, ist aber bei uns eingebürgert. Lebt in Wäldern und Parklandschaften und ernährt sich wie der Rothirsch. SH 1 m.

REH

Lebt im Sommer in kleinen Familienverbänden, im Winter in größeren Rudeln in Wäldern und offener Landschaft. Frisst Laub, Gräser, Getreide. SH 60–90 cm.

ROTFUCHS

Kommt in Wäldern und offenen Landschaften vor. Baut eine Erdhöhle. Frisst kleine Säugetiere, Schnecken, Vögel, Regenwürmer und Geflügel. Kopfrumpflänge (KRL) 60–90 cm.

DACHS

Ist nachts aktiv. Lebt in Wäldern, selten in der Nähe von Menschen. Die Familie bewohnt einen unterirdischen Erdbau mit zahlreichen Ausgängen. Frisst Würmer, Schnecken, Insekten, Vögel und kleine Säugetiere, aber auch Beeren, Pilze und Früchte. KRL 70 cm.

ILTIS

Lebt in Wäldern, an Teichen und Seen. Jagt nachts Kaninchen, Frösche und Eidechsen, frisst aber auch Insekten und Eier. Sondert bei Gefahr ein übelriechendes Sekret ab (Stinkdrüse). KRL 40–50 cm.

WILDKATZE

Ist deutlich größer als die Hauskatze. Je nach Vorkommen sandfarben, grau- oder rötlichbraun mit unterschiedlich ausgeprägter Zeichnung. Lebt in Wäldern, tagsüber in Höhlungen. Frisst Vögel, Eier und Kleinsäuger. KRL 45–80 cm.

BAUMMARDER

Lebt weit von Menschen entfernt in Wäldern. Sein meist großes Revier kennzeichnet er durch Duftmarken. Kann gut klettern und hält sich viel in Baumkronen auf. Frisst Vögel und Kleinsäuger. KRL 50 cm.

FELDWALDMAUS

Lebt an Waldrändern, überall, wo es einen dichten Bodenbewuchs gibt. Baut Erdröhren und frisst Samen, Knospen und Früchte, aber auch Insekten. KRL 8–11 cm.

GELBHALSMAUS

Lebt in Wäldern und baut Nester in Felsspalten oder Baumhöhlen. Kann sehr gut klettern. Frisst Eicheln, Bucheckern und Nüsse. KRL 9–13 cm.

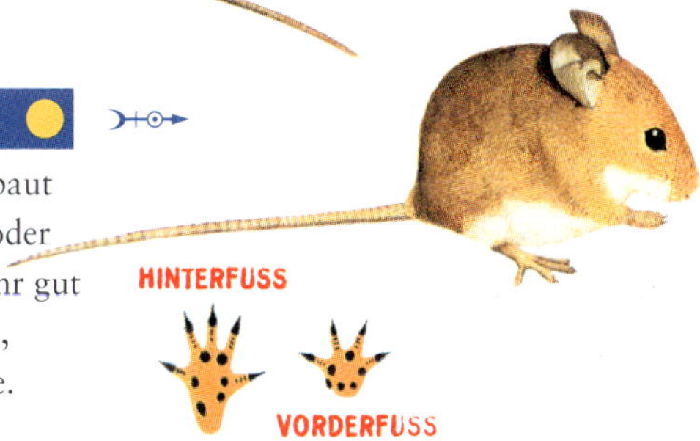

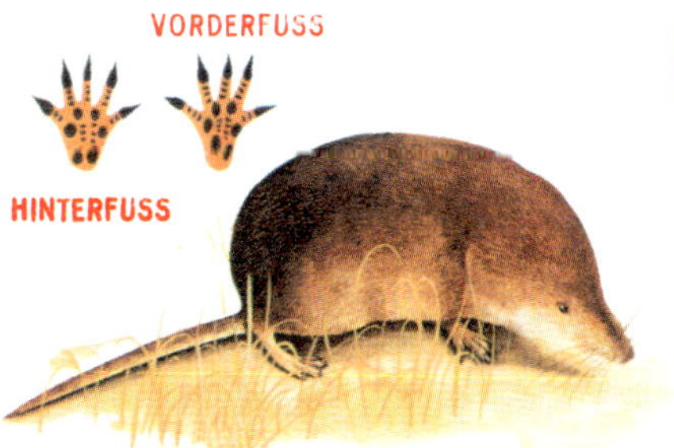

WALDSPITZMAUS

Lebt ungesellig an Waldrändern in Hecken, auf Äckern und Wiesen. Ist Tag und Nacht unterwegs. Frisst Insekten und Würmer. KRL 6–9 cm.

HASELMAUS

Lebt in Mittel- und Süddeutschland in Wäldern. Baut ein Nest aus Gras, Laub und Moos. Wird erst abends aktiv. Frisst Knospen, Beeren, Samen und Insekten, mit Vorliebe auch Haselnüsse. KRL 6–9 cm.

EICHHÖRNCHEN

Lebt fast ausschließlich in Baumkronen und baut dort seine Nester. Frisst Früchte, Samen, Kleintiere und Vogeleier. KRL 20–25 cm.

WILDKANINCHEN

Lebt in offenen Landschaften, auch am Waldrand. Baut Erdhöhlen. Frisst Gräser, Klee und Gemüse. KRL 40–50 cm.

FELDHASE

Kommt auf Feldern und an Waldrändern vor. Lebt außerhalb der Paarungszeit einzeln. Frisst Gräser und Kräuter, im Winter Rinde. KRL 60–70 cm.

Essbare Pilze

Es gibt so viele verschiedene Arten von Pilzen in den Wäldern, dass hier nur ein ganz geringer Teil abgebildet werden kann. Wenn du einen Pilz nicht genau kennst, lass ihn stehen und iss ihn nicht!

EDELREIZKER

Im Herbst in Fichtenwäldern. Hut oft klebrig, 5–10 cm breit, am Rand eingebogen. Lamellen weit am Stiel herablaufend, Stiel manchmal hohl.

VIOLETTER LACKTRICHTERLING

Im Herbst in Laubwäldern und Heiden. Hut 2–5 cm breit, zerbrechlich. Lamellen breit, entfernt, blauviolett. Sporen weiß. Essbar, aber die Stiele sind zäh.

NELKEN-SCHWINDLING

Im Herbst auf Wiesen – selten in Nadelwäldern. Hut 3–6 cm breit, zuerst glockig, dann flach und in der Mitte etwas gebuckelt. Stiel etwa 7 cm lang. Wohlschmeckender Speisepilz.

PFIFFERLING

Von Juli bis Ende September in Laub- und Nadelwäldern. 3–5 cm hoch, dunkelgelb gefärbt, riecht nach Aprikosen. Hut 3–8 cm breit, trichterförmig, am Rand wellig. Lamellen dick, verästelt. Guter Speisepilz.

WALD-CHAMPIGNON

Von Juli bis Oktober auf Kalkböden der Wälder. Hut 8 cm breit, mit zahlreichen braunen Flecken. Lamellen zuletzt dunkelbraun. Stiel weiß, bis 9 cm lang, das Fleisch wird an der Schnittfläche rosarot. Guter Speisepilz.

STEINPILZ

Im Sommer und Herbst in Nadel- und Laubwäldern. Hut bis 35 cm breit, bei Feuchtigkeit etwas klebrig. Röhren erst weißlich, dann gelblich. Sehr guter Speisepilz.

HALLIMASCH

Im Herbst an Baumstämmen oder totem Holz. Hut honigfarben, 3–13 cm breit. Lamellen erst weiß, dann braungelb. Stiel 5–12 cm lang. Ring dicht unter dem Hut. Essbar, aber nicht wertvoll.

Giftige und ungenießbare Pilze

Es gibt nicht viele giftige Pilze, aber diese musst du genau kennen, wenn du Pilze sammeln willst. Die wenigen hier abgebildeten Arten reichen dazu nicht aus. Deshalb solltest du vorher unbedingt den Rat eines Pilzkenners einholen!

GRAUKAPPE, BIRKENPILZ

Häufig, im Herbst in dichten Wäldern. Hut grau getönt, 7–15 cm breit. Lamellen dicht, etwas am Stiel herablaufend. Stiel bis 12 cm lang. Unangenehmer Geruch, nicht schmackhaft.

KIRSCHROTER SPEI-TÄUBLING

Häufig, im Herbst in Nadelwäldern und auf Moorboden. Hut 6–9 cm breit, anfangs klebrig und scharlachrot, später ausbleichend. Lamellen und Stiel weiß. Hat einen scharfen Geschmack. Ungenießbar.

BRÄTLING

In Mischwäldern. Hut 7–15 cm breit, orangebraun, matt. Lamellen heller, mit grauem, scharfem Milchsaft. Nicht giftig, aber von eigenartigem Geschmack.

GRÜNER KNOLLENBLÄTTERPILZ

Im Sommer und Herbst häufig in Laub- und Nadelwäldern. Hut 5–15 cm breit, fahlgelb bis dunkel olivgrün, aber auch weiß. Lamellen dünn, weiß, dicht nebeneinander. Stiel 5–12 cm lang, am Grunde knollenförmig und mit den Resten einer Haut. Ring weiß. Kann leicht mit dem Champignon verwechselt werden. Tödlich giftig!

FLIEGENPILZ

Von August bis November in Birken- und Nadelwäldern. Hut bis 20 cm breit, orangerot bis scharlachrot, mit weißen Schuppen. Stiel bis 25 cm lang, unten verdickt, mit den Resten einer weißen Haut. Giftig!

STINKMORCHEL

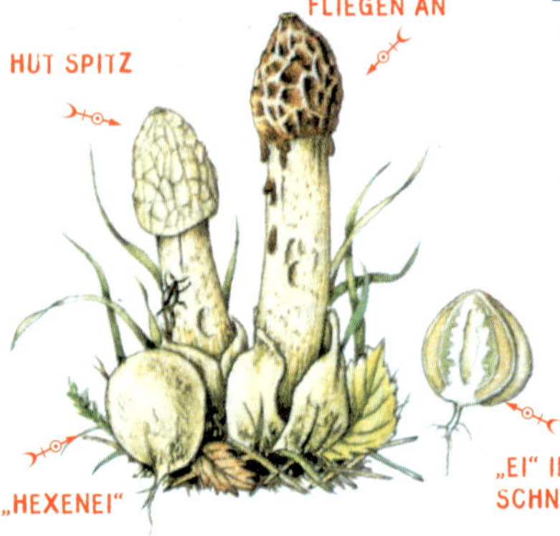

Im Sommer und Herbst in Wäldern, auf humushaltigen Böden. Entwickelt sich in kurzer Zeit aus einem „Hexenei“. Die Sporen werden von Fliegen verbreitet. Wird bis 20 cm hoch. Unangenehm stinkend.

RIESENRÖTLING

Selten, in Laubwäldern unter Eichen und Buchen. Hut 7–14 cm breit, mit braunen, seidigen Fasern bedeckt. Lamellen erst weißlich, dann rosa. Sehr giftig!

BITTERSCHWAMM

Meist im Gebirge in Nadelwäldern. Hut 3–15 cm breit, hellbraun bis grünlichbraun. Röhren an der Schnittfläche blaugrün. Stiel gleichmäßig dick, rot gefärbt, unter dem Hut gelblich. Sehr bitter und ungenießbar.

KAHLER KREMPLING

Im Sommer und Herbst in Wäldern und Heiden. Hut 6–12 cm breit, am Rande eingerollt und behaart. Giftig!

SCHARBOCKSKRAUT

Stängel niederliegend, bis 15 cm hoch. Blätter wie die goldgelben Blüten glänzend, kahl. Häufig in Laubmischwäldern. März–Mai.

GOLDNESSEL, TAUBNESSEL

Stängel vierkantig, bis 40 cm hoch, zum Teil übergebogen und an der Spitze wurzelnd. Blätter gegenständig. Feuchte Laubwälder; verbreitet. April–Juli.

STÄNGELLOSE SCHLÜSSELBLUME, PRIMEL

Stängel kurz bis fehlend. Blätter in einer Rosette, runzelig, auf der Oberseite kahl. Feuchte Wälder und Gebüsche; selten. März–Mai.

WALD-ZIEST

Stängel bis 40 cm hoch. Blätter brennnesselartig, aber nicht brennend. Blüten in Trauben. Feuchte Laubwälder, Gebüsche; verbreitet. Juni–August.

ROTER FINGERHUT

Stängel bis 1,5 m hoch. Blüten einseitig, hängend, bis 6 cm lang. Laubwälder, Kahlschläge; geschützt. Giftig! Juni–Juli.

HAIN-VEILCHEN

Stängel kriechend, 10 cm hoch. Blätter herzförmig. Blüten 2 cm breit, Sporn weiß. Wälder; verbreitet. April–Mai.

KLEINES IMMERGRÜN

Stängel niederliegend, etwas verholzt. Blätter immergrün. Laubwälder, Gebüsche; verbreitet. März–Juni.

HASENGLÖCKCHEN

Dichte Rasen bildend. Stängel 30 cm hoch. Blätter schmal. Blüten glockenförmig, hängend. Laubwälder; selten. Geschützt! März–Mai.

KRIECHENDER GÜNSEL

Pflanze mit langen Ausläufern. Stängel aufrecht, 10–30 cm hoch. Blätter in einer Rosette. Wiesen und Laubwälder; verbreitet. Mai–August.

WALDSAUERKLEE

Pflanze kriechend, 8–15 cm hoch. Blätter kleeartig, aber vierteilig und sauer schmeckend. Feuchte Laub- und Nadelwälder; verbreitet. April–Mai.

WALDERDBEERE

Stängel bis 20 cm hoch. Mit langen Ausläufern. Kelchblätter abstehend. In Kahlschlägen, Gebüschen und an Waldrändern; verbreitet. Mai–Juni.

BUSCHWIND-RÖSCHEN

Lange unterirdische Kriechsprosse. Bis 30 cm hoch. Blätter gestielt, gefiedert. Laubwälder, Wiesen; verbreitet. März–Mai.

WALD-BINGELKRAUT

Pflanze männlich oder weiblich, mit langen unterirdischen Ausläufern. Stängel 15–30 cm hoch, Blätter gestielt, gesägt. Feuchte Laubwälder; verbreitet. April–Mai.

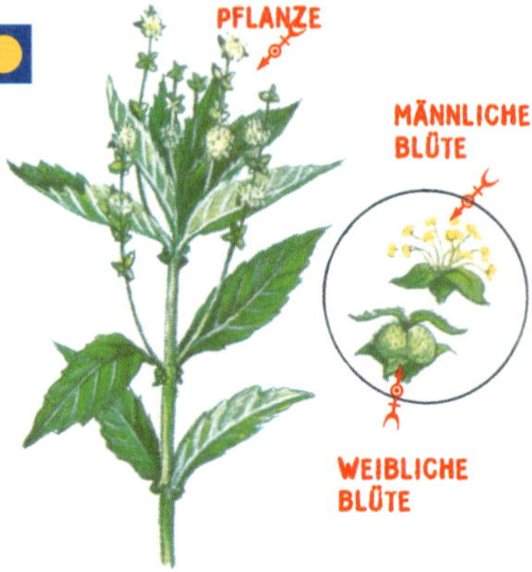

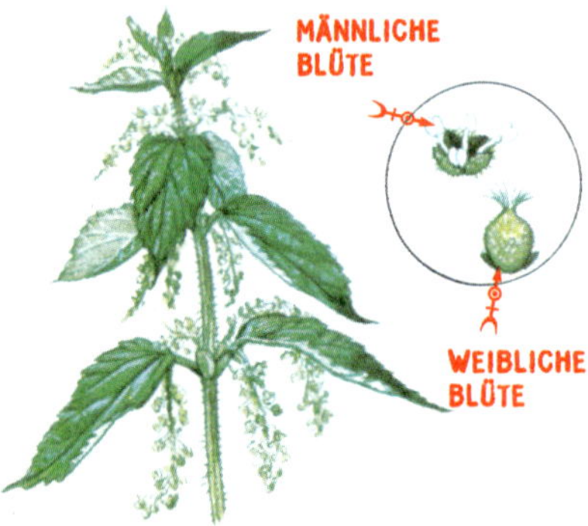

GROSSE BRENNNESSEL

Zweihäusige Pflanze, bis 1,5 m hoch. Pflanze mit Brennhaaren. Blütenstände hängend. Wälder und Schuttstellen; häufig. Juni–Oktober.

GEFLECKTER ARONSTAB

Die Blüten sind eingeschlechtig und sitzen an einem Kolben, ganz unten sind die weiblichen, darüber die männlichen und darüber unfruchtbare. Blätter spießförmig. Wächst in Laubwäldern; zerstreut. April–Mai.

Farne

ADLERFARN

Blätter (Wedel) breit, hellgrün, zwei- bis vierfach gefiedert, etwas übergebogen, im Herbst rostbraun und verwelkend. In lichten Wäldern, auf Heiden und in Gebirgen; häufig.

WEDEL BIS 2 M HOCH

WEDEL 10 - 50 CM LANG

GEMEINER TÜPFELFARN, ENGELSÜSS

Wedel schmal, kammförmig gefiedert, mit breiten Abschnitten, auch im Winter grün. Eichenwälder und Kiefernwälder, auf saurem Boden; verbreitet.

GEMEINER RIPPENFARN

Wedel kammförmig gefiedert, die sporentragenden mit schmalen, die anderen mit breiten Abschnitten. Vorwiegend in feuchten, schattigen Fichten- und Eichen-Birkenwäldern, meidet Kalkböden. Im Bergland häufig, sonst zerstreut.

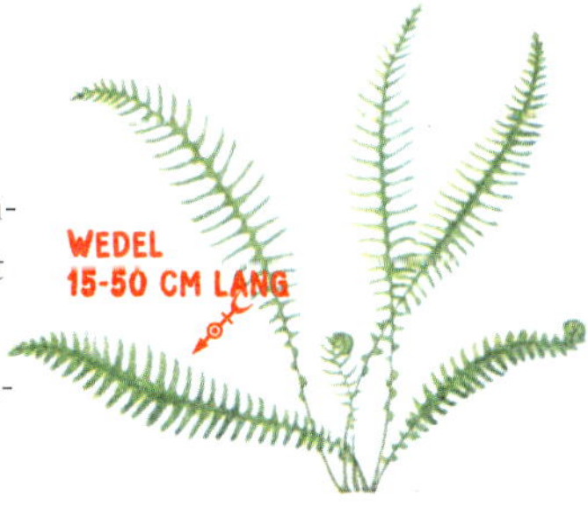

WEDEL 15-50 CM LANG

WEDEL 15-60 CM LANG

HIRSCHZUNGE

Wedel ganzrandig, schmal, zugespitzt, am unteren Ende herzförmig, zuerst weich und grün, zuletzt dunkel und ledrig. Feuchte Wälder, vor allem in den Alpen und im südlichen Deutschland, sonst selten.

Schmetterlinge

WESTEUROPÄISCHE FORM

QUECKENFALTER ODER WALDBRETTSPIEL

Fliegt von April bis Juni und Juli bis September in Laubwäldern und setzt sich auf Blätter, die von der Sonne beschienen werden. Die Larve lebt an Gräsern. Flügelspannweite (FS) 76–84 mm.

MITTEL-EUROPÄISCHE FORM DES QUECKEN-FALTERS

C-FALTER

Hat gebuchtete Flügel und ein weißes, c-förmiges Muster auf der Flügelunterseite. Fliegt von Juni bis September an Waldrändern und in Parks. Die Raupe lebt an verschiedenen Pflanzen. FS 45–55 mm.

KLEINER EISVOGEL

Fliegt von Juni bis August in feuchten, hellen Laubwäldern und kommt nur auf die Erde, um zu trinken. Die grüne Raupe ist mit rötlichen Dornen besetzt und lebt an Geißblattarten. FS etwa 50 mm.

GROSSER SCHILLERFALTER

Fliegt von Juni bis August in den Baumkronen. Das Männchen schillert im Sonnenschein bläulich. Lässt sich durch scharf riechende Stoffe (Käse, Mist) leicht ködern. Die Raupe lebt besonders an Salweiden und hat zwei auffällige Kopfhörner. Vom Aussterben bedroht. FS etwa 65 mm.

MÄRZVEILCHENFALTER

Fliegt über Waldlichtungen und sitzt häufig auf den Blütenkörbchen der Disteln. Die Larve lebt an Märzveilchen. FS 60–68 mm.

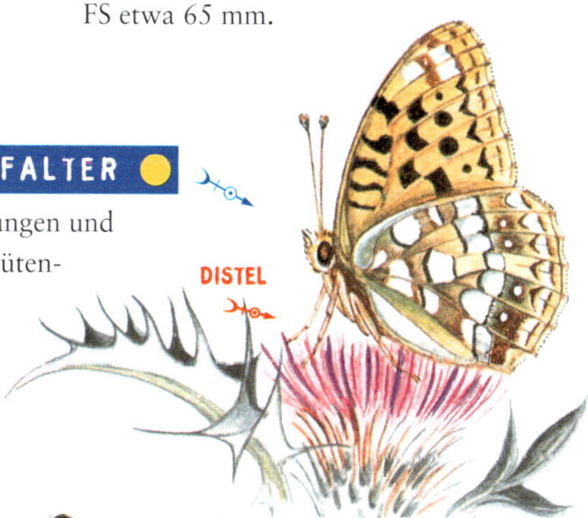

FAULBAUMBLÄULING

Kommt nur im Süden vor, wo es in offenen Wäldern Stechpalmen und Efeu gibt. Die Larve lebt an den Knospen dieser Gehölze. FS 33–35 mm.

Nachtfalter

Diese Schmetterlinge kann man während der Sommermonate in den Wäldern finden. Aber nur wenige fliegen am Tage. Meist sitzen sie an Baumstämmen und Blättern. Abends kann man sie dagegen mit einer Taschenlampe anlocken.

BLAUSIEB

Diese Art braucht zwei Jahre zu ihrer Entwicklung. Die Raupe lebt in den Stämmen und Ästen von Eschen, Kastanien und anderen Laubbäumen und frisst Gänge in das Holz. Männchen (FS 50 mm) und Weibchen (FS 70 mm) sind gleich gefärbt.

WEIDENBOHRER

Fliegt im Juni und Juli, sitzt tagsüber an Baumstämmen und ist schwer zu sehen. Die bis 8 cm lange, fingerdicke Raupe bohrt Gänge in die Stämme von Weiden und Pappeln und lebt dort zwei Jahre. FS 70–90 mm.

ROSENEULE

Fliegt von Mai bis Juni und im August in lichten Laubwäldern, aber nur nachts. Die Raupe lebt auf Blättern von Brombeeren und Himbeeren. FS etwa 35 mm.

VORDERFLÜGEL AUFFALLEND GEFLECKT

GRÜNEULE

Fliegt von August bis Oktober in Laubwäldern, in denen es viele Eichen gibt. Die Raupe lebt auf Eichen, Buchen und Eschen. FS 42–50 mm.

HELLE FORM

BIRKENSPANNER

Fliegt von Mai bis Juni in Birken- und Erlenbeständen. Kommt zunehmend auch in einer dunkleren Form vor. Die Raupe lebt auf Buchen, Eichen und Weiden. FS etwa 45 mm.

KIEFERNSPANNER

Fliegt im Mai und Juni. Männchen und Weibchen sehen sehr verschieden aus, die Männchen sind schwarzbraun gefärbt, die Weibchen rostbraun. Die Raupen leben an Kiefern und richten oft erhebliche Schäden an. FS 30–40 mm.

EICHENWICKLER

Fliegt im Juni in Eichenbeständen. Die Vorderflügel sind hellgrün und am Rande gelblich, die Hinterflügel sind grau gefärbt. Die Raupen rollen Eichenblätter zusammen und verspinnen sie. Bei Massenauftreten richten sie großen Schaden an. FS 18–23 mm.

KIEFERNSCHWÄRMER, TANNENPFEIL

Fliegt von Mai bis Juli in Kiefernwäldern, sitzt tagsüber an Nadelbäumen. Die Raupe lebt vorwiegend an Kiefern und verpuppt sich in der Erde unter dem Fraßbaum. FS 70–80 mm.

Käfer

In den Wäldern gibt es viel mehr Käfer, als du glaubst. Nur wenige kannst du am Tage auf Blüten finden. Die meisten leben unter Steinen, herabgefallenen Blättern oder unter der Baumrinde.

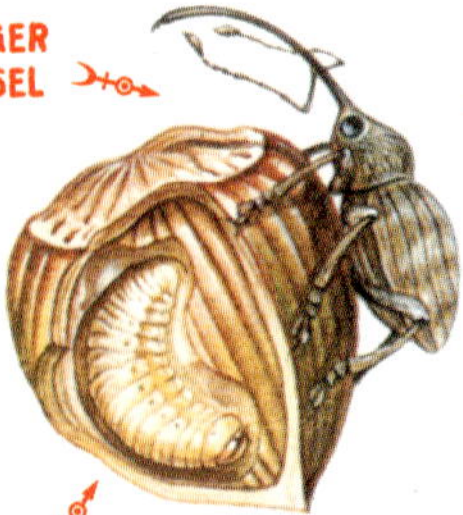

HASELNUSSBOHRER

Häufig. Das Weibchen hat einen langen, gebogenen Rüssel, in dessen Mitte die Fühler stehen. Lebt auf verschiedenen Sträuchern und Bäumen. Im Mai finden sich die Weibchen auf Haselnusssträuchern ein, in deren Früchten sich die Larven entwickeln. 6–9 mm lang.

BIRKENBLATTROLLER

Dreht Birkenblätter zu einer Tüte zusammen, in der die Larven leben. Seltener werden auch Erlen, Haseln und Buchen verwendet. Die Larven ernähren sich von den Blättern. Länge 3–4 mm.

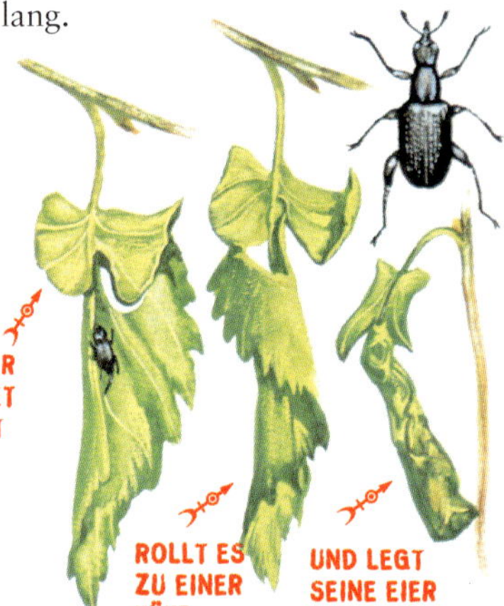

GROSSER KIEFERNRÜSSLER

Hat auf dunklem Untergrund gelbe Flecken. Frisst die Rinde junger Nadelbäume und kann dadurch schädlich werden, denn die Bäume sterben ab. Die Larven leben an Wurzeln und Baumstümpfen von Kiefern und Fichten. Länge 7–17 mm.

HIRSCHKÄFER

Selten. Nur das Männchen hat ein Geweih. Leckt Baumsäfte auf. Lebt in Eichenwäldern und schwärmt von Juni bis Juli. Die 10–11 cm langen Larven leben 5 bis 8 Jahre in Baumstümpfen.
40–80 mm lang.
Geschützt!

AMEISENBUNTKÄFER

Erinnert an eine Waldameise (Name). Lauft an den Stämmen von Kiefern und Fichten umher und sucht Borkenkäfer, von denen er sich (wie auch seine Larve) ernährt. 7–10 mm lang.

VIERSTREIFEN-SCHMALBOCK

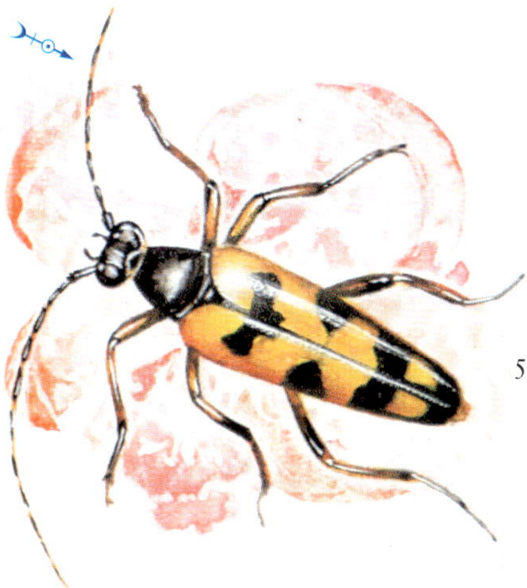

Ist im Sommer nicht selten; lebt auf Blüten, die er benagt. Die Larve lebt in morschem Holz von Weiden und anderen Laubbäumen, vorwiegend in feuchten Wäldern.
11–19 mm lang.

BUCHDRUCKER

Lebt unter der Rinde der Fichten (aber auch Kiefern und Lärchen) und frisst deren unteren Schichten auf. Dadurch sterben die Bäume ab. 4–6 mm lang.

DIE NERVENGÄNGE STAMMEN VON DEN LARVEN

VIOLETTER LAUFKÄFER

Ist ab und zu unter größeren Steinen in Laubwäldern zu finden. Der Käfer und seine Larve leben räuberisch von anderen Insekten und von Würmern. Verpuppt sich im Boden. 30–35 mm lang.

AUGENFLECKIGER MARIENKÄFER

Häufig. Lebt auf Nadelbäumen und frisst Blattläuse. Die schwarzen Punkte fehlen manchmal, der Vorderrücken ist aber immer schwarz und gelb gefärbt. 8–9 mm lang.

GLÜHWÜRMCHEN, LEUCHTKÄFER

Nicht selten. Weibchen ungeflügelt. Larven und Käfer haben ein Leuchtorgan. Lebt im Frühsommer an Hecken und Waldrändern. Die Larven ernähren sich von Schnecken. Je nach Art 8–18 mm lang.

Weitere Waldinsekten

RÄUBERISCHE BAUMWANZE

In Laubwäldern nicht selten. Saugt die Larven und Raupen anderer Insekten aus und ist deshalb für den Forstmann nützlich. Die Wanzen überwintern. 12–15 mm lang.

GRÜNE FICHTEN-GALLENLAUS

An jungen Fichtenzweigen treten Gallen auf. Sie platzen im Juli auf und entlassen geflügelte Tiere, die sich auf Lärchen vermehren. Diese Tiere gehen wieder an Fichten. Länge 1,5–2,5 mm.

KOMMASCHILDLAUS

Das Weibchen (auch die Eier und Larven) lebt unter einer kommaförmigen Wachsausscheidung, die aber nicht mit seinem Körper verwachsen ist. Nur die Männchen sind geflügelt. Schildläuse können an Laubbäumen schädlich werden. Länge 2–3 mm.

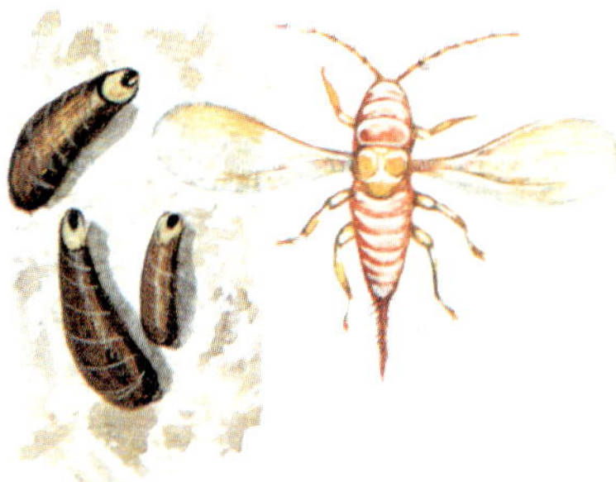

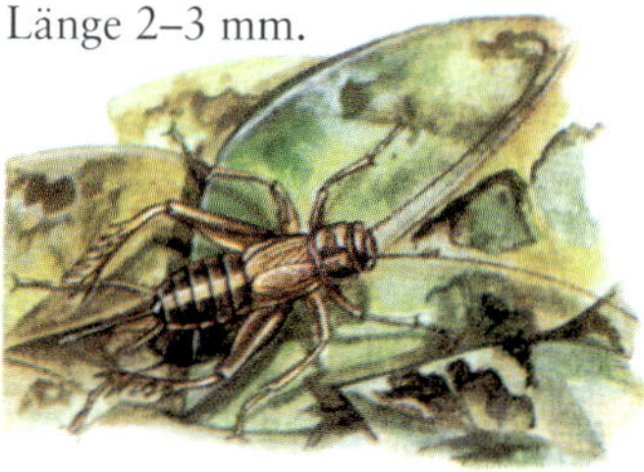

WALDGRILLE

Lebt in Wäldern unter verwesendem Laub. Das Männchen hat einen auffallenden Gesang und ist flügellos. 8–9 mm lang.

Wespen

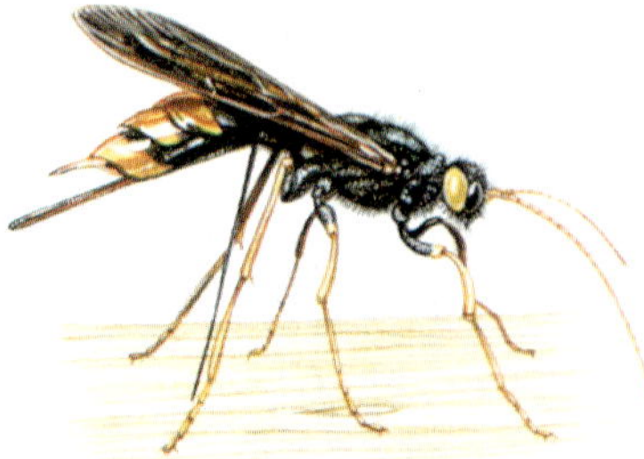

RIESENHOLZWESPE

Fliegt im Sommer in Wäldern und legt Eier in Tannen- und Fichtenholz ab. Die Larve lebt zwei bis vier Jahre und frisst Gänge durch das Holz. 15–40 mm lang.

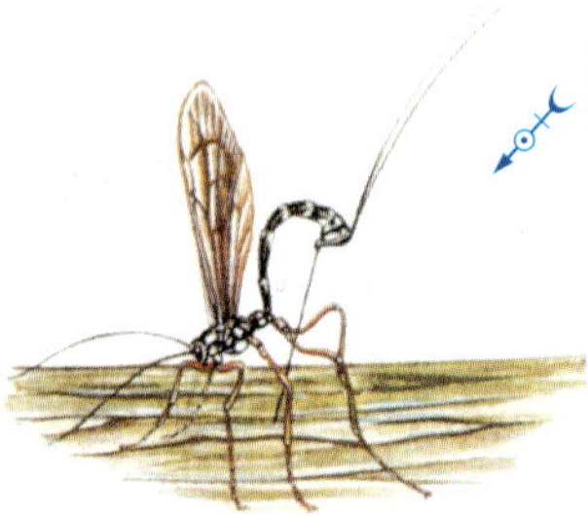

RIESENSCHLUPFWESPE

Nicht häufig. Das Weibchen stößt seinen Legebohrer durch das Holz in die Larve einer Riesenholzwespe und legt ein Ei darin ab. Die Larve der Schlupfwespe frisst ihre Beute allmählich auf. 20–35 mm lang.

HORNISSE

Häufig. Legt ihre Nester in hohlen Bäumen an. Ernährt sich von Früchten und Baumsäften. Mehr als vier Hornissenstiche können tödlich sein! Königin bis zu 35 mm lang. Arbeiterinnen etwa 23 mm, Männchen 25 mm lang.

GROSSE BIRKENBLATTWESPE

Selten. Lebt in Laubwäldern, nagt Kerben in die Rinde der Zweige und leckt den austretenden Zuckersaft auf. Die Eier werden in Blättern abgelegt. 17–23 mm lang.

Weitere Bodeninsekten

ROTE WALDAMEISE

Lebt in Wäldern und baut aus Koniferennadeln große Haufen. Ernährt sich vom Honigtau der Blattläuse und von anderen Forstschädlingen. Die einzige Königin eines Baus wird bis zu zwanzig Jahre alt!
5–11 mm lang,
geschützt!

BRAUNER STEINLÄUFER

Lebt unter morschem Holz und umgefallenen Baumstämmen. Ernährt sich räuberisch von Insektenlarven, Asseln und Spinnen und ist nachts aktiv. 20–32 mm lang.

WALD-SCHNURFÜSSER

Lebt an feuchten Orten unter verwesenden Blättern und unter Steinen. Rollt sich bei Gefahr zusammen. Kann über hundert Beinpaare haben. Bis 30 mm lang.

Spinnen

So verschieden die Spinnen aussehen, so unterschiedlich sind auch ihre Netze. Aber nicht alle im Wald lebenden Spinnen bauen Netze, manche legen sich auf die Lauer und überwältigen ihre Beute.

RAUBSPINNE

Baut kein Nest, sondern jagt ihre Beute. Lebt in lichten Wäldern mit viel Gebüsch. Das Weibchen trägt den Eikokon zwischen den Mundwerkzeugen. 11–15 mm lang.

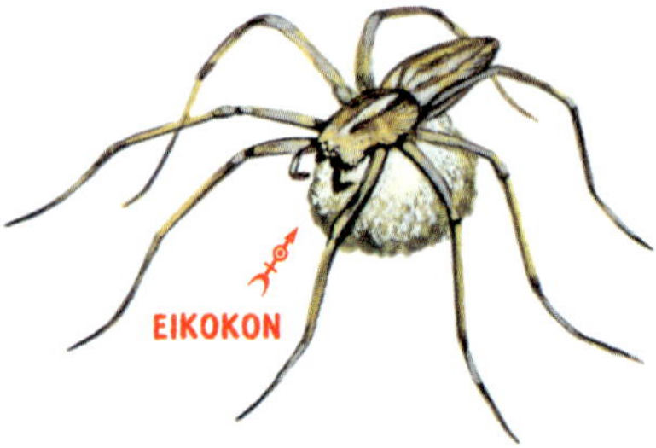

GEMEINE KREUZSPINNE

Häufig. Tötet die Beute durch einen giftigen Biss (für den Menschen ungefährlich). Sitzt kopfabwärts im Zentrum des Netzes. Männchen 7–9 mm, Weibchen bis 18 mm lang.

KRABBENSPINNE

Kann wie eine Krabbe seitwärts laufen. Lebt auf vorwiegend weißen oder gelben Blüten und lauert auf anfliegende Insekten. Die Weibchen einer Gattung können ihre Körperfarbe dem Untergrund angleichen. Bis 10 mm lang.

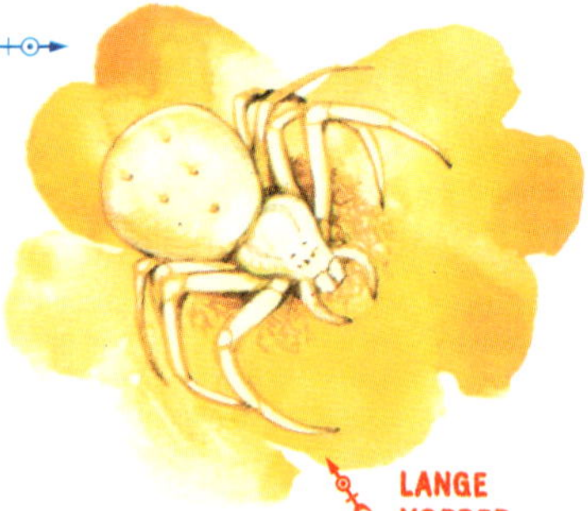

Wir zählen Jahresringe

Im Wald siehst du häufig zersägte Baumstämme. Auf dem Querschnitt kannst du viele Ringe sehen. In jedem Jahr entsteht ein neuer Ring; aus der Anzahl der Jahresringe kannst du also genau das Alter eines Baumes erfahren.
Wenn du das Holz mit einer Lupe betrachtest, wirst du feststellen, dass jeder Ring mit hellem Holz und großen Poren beginnt. Das ist der Teil, der im Frühjahr angelegt wird, wenn der Baum viel Wasser braucht. Im Sommer und Herbst ist das Holz dunkler und die Poren sind enger. Auf die gleiche Weise kannst du auch feststellen, ob es sich um ein feuchtes Jahr oder ein trockenes gehandelt hat.

Was ein Jahresring zeigt

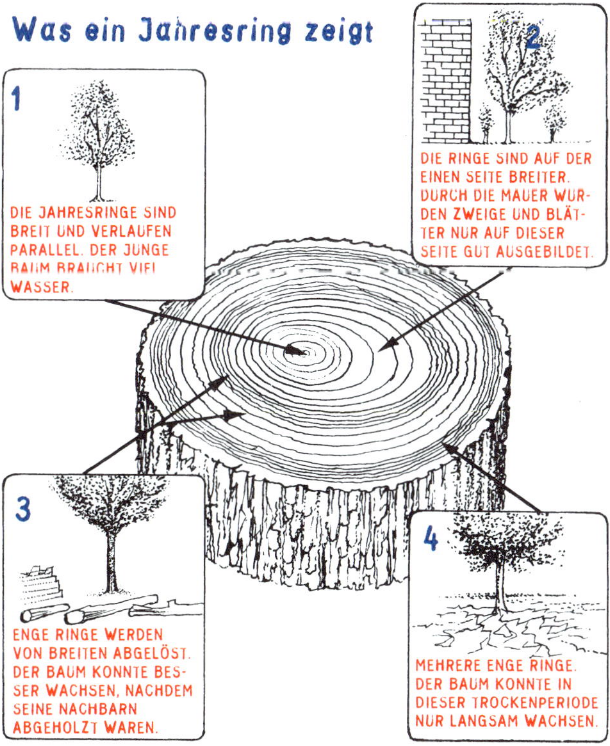

Unsere Wälder

Große Teile Mitteleuropas sind von Wäldern bedeckt. Aber natürliche, vom Menschen unbeeinflusste Wälder gibt es heute nur noch in sogenannten Naturwaldreservaten. Unsere Wälder sind Wirtschaftsforste. Man unterscheidet nach den vorherrschenden Baumarten Nadel- und Laubwälder. Sie unterscheiden sich sehr stark voneinander, denn die Nadelwälder sind auch im Winter grün, während die Laubbäume im Herbst ihre Blätter abwerfen.

Nadelwälder

In den Nadelwäldern ist es das ganze Jahr über dunkel, da die Bäume ihre Nadeln nicht abwerfen. Sie geben dem Wild und den Vögeln guten Schutz. Aber Pflanzen können in diesem trüben Licht nicht gedeihen. Man findet hier nur Moose, Farne, Pilze und Flechten.

Die Nadelbäume haben fast alle einen durchgehenden Stamm, der sich überhaupt nicht oder – bei den Kiefern – nur im oberen Teil verzweigt. Das macht sie zu einem guten Nutzholz.

Unsere wichtigsten Nadelbäume haben Zapfen, in denen sich die Samen entwickeln. Sie werden deshalb Koniferen (das heißt Zapfenträger) genannt.

Ihre Blätter sind schmal und werden Nadeln genannt. Nur bei wenigen Arten sind die Blätter schuppenförmig.

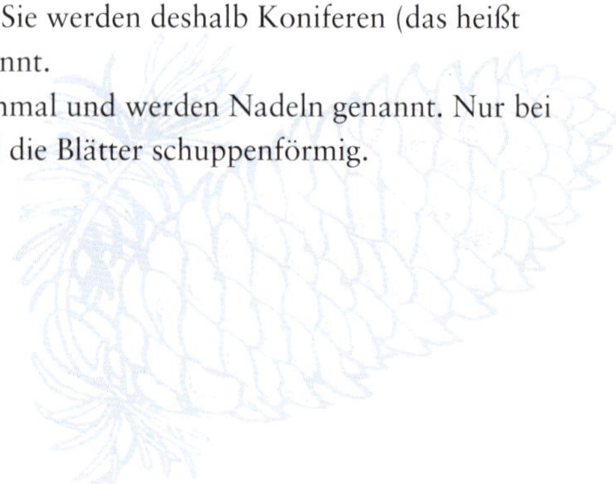

FICHTE

ZAPFENSCHUPPEN

DIESE NADELN STEHEN IN BÜSCHELN

EUROPÄISCHE LÄRCHE

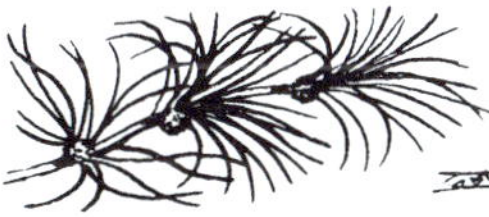

KIEFER

ATLASZEDER

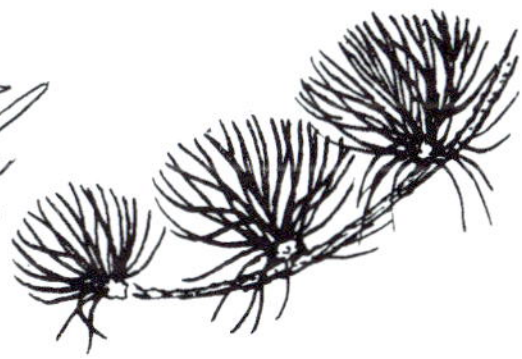

DIESE NADELN STEHEN EINZELN

FICHTE

EIBE

EDELTANNE

DIESE NADELN SIND SCHUPPENFÖRMIG

SCHEINZYPRESSE

Laubwälder

In den Laubwäldern gibt es eine ganze Anzahl verschiedener Baumarten. In einem Merkmal stimmen sie aber alle überein: Sie werfen im Herbst ihre Blätter ab, überwintern und treiben im Frühjahr aus ihren Knospen neue Blätter. Oft kommt eine Baumart besonders häufig vor, und man unterscheidet deshalb z. B. Eichen-, Buchen- oder Erlenwälder. Letztere finden sich vor allem in sumpfigen Gebieten, in denen außer den Erlen nur noch Weiden und Pappeln wachsen. In den meisten Fällen werden von den Forstleuten aber Mischwälder angepflanzt, in denen auch andere Bäume vorkommen, z. B. Ahorn-Arten, Linden, Ulmen, Hainbuchen, Birken, Ebereschen und andere. Viele dieser Arten sind für die Ernährung des Rotwildes und der Vögel besonders wichtig.

Die Pflanzen des Laubwaldes

Im Gegensatz zu den Nadelwäldern gibt es in den Laubwäldern viele Pflanzenarten. Nach ihrer Höhe kann man sie in verschiedene Schichten einteilen: die Moosschicht, die Krautschicht, die Strauchschicht und die Baumschicht. Zu Beginn des Frühjahres, noch bevor die Bäume ihre Blätter ausgebildet haben, blühen die Pflanzen der Krautschicht. Gräser, Buschwindröschen, Waldmeister, Lerchensporn und viele andere entwickeln in dieser Zeit ihre Blüten. Wenn es im Wald schattig wird, haben diese Pflanzen ihre Entwicklung bereits abgeschlossen und bilden Früchte aus. Die Strauchschicht besteht aus jungen Bäumen, die sich aus den Samen der Bäume entwickeln, aber auch aus Sträuchern, z. B. der Haselnuss, dem Geißblatt, dem Rotdorn, aus Himbeeren, Brombeeren und anderen. Die Baumschicht schließlich wird von den Kronen der hohen Bäume gebildet.
Wenn du regelmäßig die Pflanzen und Tiere in einem Wald

Das Notizbuch für alle Jahreszeiten

beobachtest, wirst du so viele Dinge sehen, dass du sie unmöglich alle behalten kannst. Deswegen solltest du so bald wie möglich ein Notizbuch anlegen, in das du deine Entdeckungen einträgst. Am besten eignet sich dazu ein Ringbuch.

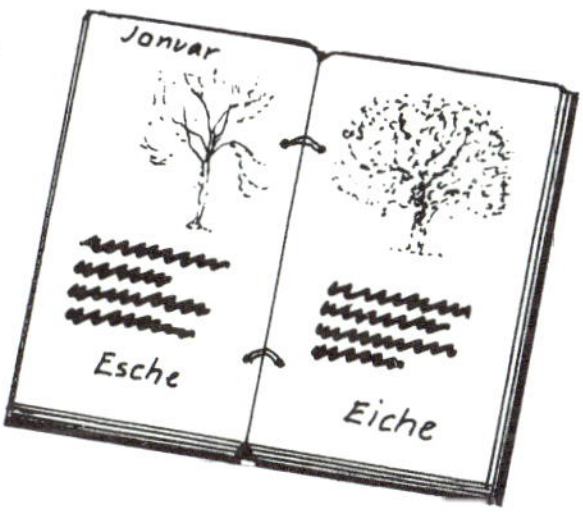

Winter

Im Winter, wenn die Laubbäume ihre Blätter abgeworfen haben, ist der Aufbau des Baumes besonders gut zu sehen.

Du kannst die Bäume an ihren Zweigen und Knospen erkennen.

VIELE HELLBRAUNE KNOSPEN AN RAUEN ZWEIGEN

GROßE KNOSPEN MIT DUNKLEN, GEGENÜBER STEHENDEN SCHUPPEN

KNOSPEN AN KURZEN SEITENZWEIGEN, ÄSTE GRAUGRÜN

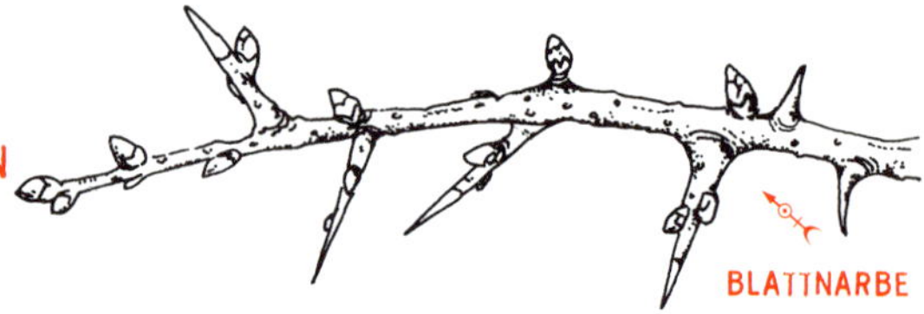

Du kannst einige Zweige abschneiden und sie auf eine steife Pappe kleben. Wenn du im Sommer einen Zweig mit Blättern hinzufügst, hast du bald eine schöne Sammlung.

Frühling

Im Frühling solltest du besonders die Kräuter und Sträucher der Laubwälder beobachten. Die Bäume haben noch keine Blätter, aber die verschiedenen Arten der Kraut- und Strauchschicht blühen bereits. Wenn du die Blütezeiten der Arten aufschreibst, kannst du im nächsten Jahr feststellen, ob der Frühling zur gleichen Zeit beginnt.

DIE BLÜTEZEIT DER PFLANZEN

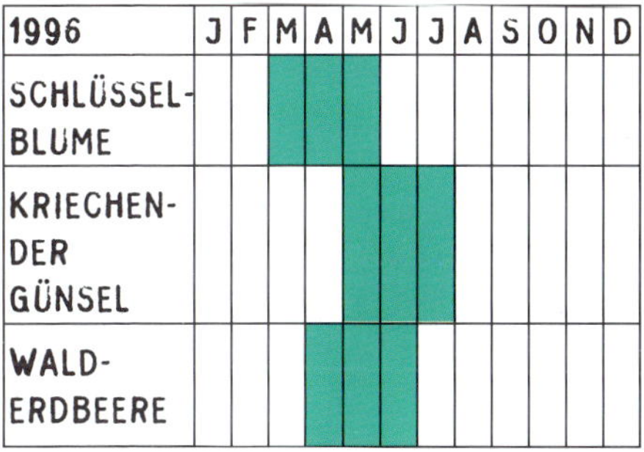

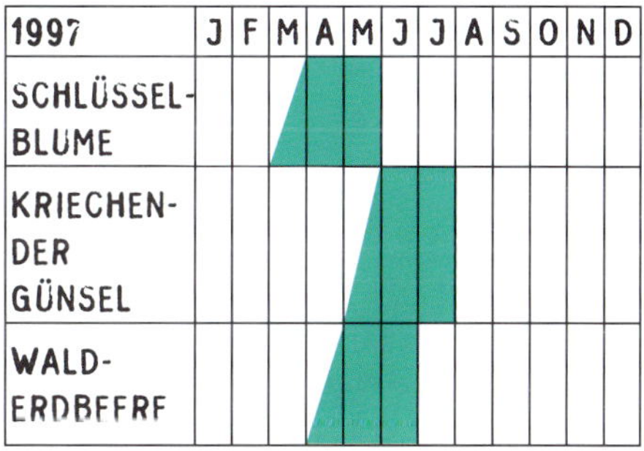

Auf einigen Seiten deines Tagebuches kannst du auch auffällige Bäume und Kräuter beschreiben, wann sie blühen, wo sie wachsen, wie weit ihre Knospen entwickelt und wie weit die Blätter ausgebildet sind.
Auch die Blütezeit ist hierbei wichtig.

Sommer

Im Sommer kannst du die Tiere am besten beobachten. Insekten, Vögel und Säugetiere sind jetzt überall zu sehen. Bei deiner Wanderung solltest du besonders auf die Unterseite der Blätter, auf die Rinde der Baumstämme und auf die Unterseite von Steinen achten, um Insekten und ihre Larven zu finden. Unter verwesendem Laub leben die Hundert- und Tausendfüßer. In den Baumkronen haben viele Vögel ihre Nester gebaut. Unter der Rinde abgestorbener Bäume gibt es viele Käfer zu entdecken und im Moos und zwischen den Farnen leben Schnecken und Asseln.

Herbst

Der Herbst ist besonders interessant, weil du jetzt die Früchte vieler Bäume und Sträucher untersuchen kannst. Vergleiche ihre Form und beobachte vor allem, auf welche Weise sie verbreitet werden.

Zu dieser Zeit kannst du auch viele Pilze finden. Sie wachsen oft unter ganz bestimmten Bäumen.

Wie Früchte und Samen verbreitet werden

Die Früchte und Samen der Bäume werden zu einem kleinen Teil durch Wind und Wasser, zum größten Teil aber durch Tiere verbreitet.
Nüsse und Beeren werden vor allem durch Tiere verschleppt. Eichhörnchen verscharren Nüsse und vergessen sie, Vögel fressen Früchte und scheiden die unverdaulichen Samen aus.

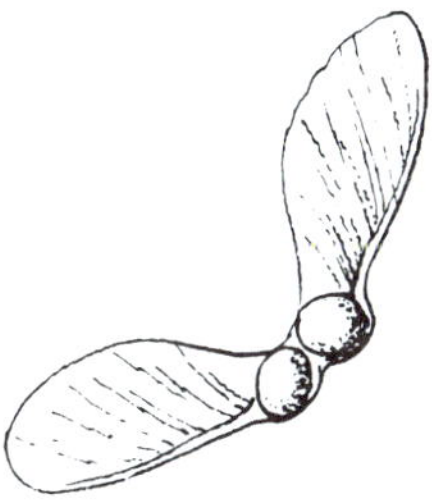

BERGAHORN

Die geflügelten Früchte des **Bergahorns** werden durch den Wind verbreitet.

VOGELBEERE

Die Früchte der **Vogelbeere** werden durch Vögel verbreitet.

EIBE

Vogel fressen den Samenmantel der **Eibe** und verbreiten so die Art.

EICHE

Die **Eicheln** fallen aus und keimen unter dem Baum zu neuen Pflanzen.

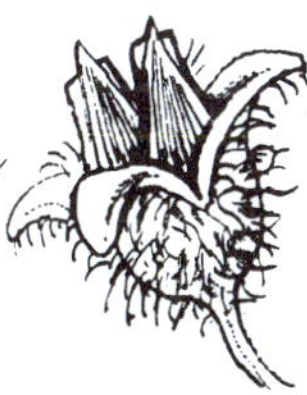

ROTBUCHE

HASELNUSS

Bucheckern und **Haselnüsse** werden von Vögeln und Kleinsäugern verbreitet.

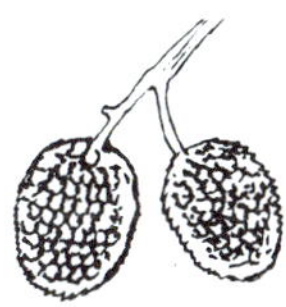

ERLE

Erlen wachsen am Wasser. Sie haben winzige Früchte, die von Wind und Wasser verbreitet werden.

Die Bedeutung des Waldes

Wenn du heute durch einen Wald streifst und die hohen Bäume ansiehst, wirst du sicher denken, dass dieser Wald seit ewiger Zeit besteht. Das ist aber keineswegs der Fall. Es hat lange Zeiten gegeben, in denen es in Mitteleuropa überhaupt keine Wälder gab. Weite Teile des Gebietes waren von hohen Eismassen bedeckt und auch in den übrigen Gebieten war es so kalt, dass kein Baum gedeihen konnte. Erst vor etwa 10 000 Jahren ging die letzte Eiszeit zu Ende und erst danach gab es wieder ein Klima, in dem Bäume wachsen konnten. Die Menschen dieser Zeit lebten von der Jagd und sammelten Wurzeln und Früchte, aber sie bewohnten vorwiegend baumlose Gebiete.

Erst als die Menschen sesshaft wurden und Ackerbau betrieben, brauchten sie immer mehr Land für ihre Felder. Sie rodeten den Wald und verbrannten Äste und Zweige, deren Asche den

Boden düngte. Die Baumstämme verwendeten sie zum Bau ihrer Häuser sowie zur Herstellung der verschiedensten Geräte. Das Vieh wurde zum Weiden in die angrenzenden Wälder getrieben, und die Schweine kamen zum Mästen in die Laubwälder, wo sie sich von den Eicheln ernährten.

Im Dreißigjährigen Krieg wurden viele Siedlungen aufgegeben und wieder vom Wald überwachsen. Nach dieser Zeit nahm die Bevölkerungszahl aber immer mehr zu, und die Menschen lebten in großer Anzahl in Ortschaften und Städten zusammen. Sie brauchten große Mengen Bauholz für ihre Häuser und so wurden immer mehr Wälder abgeholzt. Die Industrie entwickelte sich und brauchte Holzkohle, außerdem aber auch Holz zur Herstellung der verschiedensten Produkte, z. B. von Papier, Gerbstoffen, Azeton, Alkohol, Harz, Terpentin, Zelluloid, Zellophan und vielem anderen.

Der ursprüngliche Urwald konnte diesen riesigen Bedarf nicht decken und so wurden aus allen unseren Wäldern Wirtschaftsforste, in denen bestimmte Baumarten angepflanzt wurden. Sie sollten besonders schnell wachsen und möglichst viel Holz liefern. In großen Gebieten wurde deswegen oft nur eine einzige Baumart angepflanzt, z. B. die Fichte. Durch diese Monokultur kam es aber oft zur Massenentwicklung bestimmter Insekten, die sich von diesen Bäumen ernähren. Kiefernspanner, Nonne und Buchdrucker sind solche gefürchteten Holzschädlinge. Aber auch Stürme, Feuer und starke Schneefälle richteten (und richten bis zum heutigen Tag) sehr starke Schäden in solchen Wäldern an. Deshalb werden heute immer mehr Mischwälder angebaut, in denen Laubbäume und Nadelbäume in einzelnen Gruppen und abwechselnd angepflanzt werden. In diesen Wäldern ist die Massenvermehrung der Schädlinge kaum möglich. Auch Wind, Feuer und Schnee können nicht so verheerende Folgen haben.

Wir leben heute im Zeitalter der Kunststoffe und viele Dinge, die man früher aus Holz herstellte, werden jetzt billiger aus Kunststoff gemacht. Deshalb wird nicht mehr so viel Holz gebraucht wie

früher. Der Wald hat aber deshalb nicht an Bedeutung verloren, ganz im Gegenteil: die Wälder sind heute unsere „grünen Lungen“. Wenn wir atmen, verbrauchen wir Sauerstoff und atmen Kohlendioxid aus. Dieses Gas nehmen die Bäume (und natürlich auch alle anderen grünen Pflanzen) auf und bauen zusammen mit Wasser daraus Zucker und Stärke auf. Dabei wird Sauerstoff frei, den wir nun wieder zum Atmen verwenden. So besteht ein dauernder Wechsel zwischen Pflanze und Tier, zwischen der Abgabe von Sauerstoff und Kohlendioxid. Ohne die Wälder würde uns eines Tages die Luft zum Atmen ausgehen. Heute, wo die vielen Auto- und Industrieabgase unsere Luft verpesten, brauchen wir die Wälder wie nie zuvor.
Auch wenn die Menschen sich erholen wollen, tun sie das gern in einer Gegend, in der es viel Wald gibt. Deshalb ist es so wichtig, dass unsere Wälder vor allen Eingriffen geschützt werden, denn nur so können auch die Menschen nach uns eine saubere Luft und sauberes Wasser erhalten.

Punktekarten

Die Pflanzen und Tiere erscheinen hier in derselben Reihenfolge wie im Buch. Wenn du diese Lebewesen beobachtest, trage oben auf der Tabelle das Datum ein. Die Punktezahl für jede gefundene Art steht hinter dem Namen. Am Ende des Tages kannst du die Punkte zusammenrechnen.

Seite	Art	Pkt.	Datum	Datum	Datum
14	Stieleiche	5			
14	Gemeine Esche	5			
15	Rotbuche	5			
15	Hängebirke	5			
16	Schwarze Erle	5			
16	Bergahorn	5			
17	Echte Kastanie	10			
17	Vogelbeere/Eberesche	5			
18	Vogelkirsche	5			
18	Gemeine Stechpalme	10			
19	Salweide	5			
19	Zitterpappel/Espe	5			
20	Hainbuche	5			
20	Eingriffeliger Weißdorn	5			
21	Holunder	5			
		Summe			

Seite	Art	Pkt.	Datum	Datum	Datum
22	Waldkiefer	5			
22	Europäische Lärche	5			
23	Gemeine Fichte	5			
23	Weißtanne	10			
24	Eibe	5			
25	Ziegenmelker/ Nachtschwalbe	25			
25	Sperber	25			
25	Mäusebussard	10			
25	Waldkauz	15			
26	Buntspecht	10			
26	Kleinspecht	15			
26	Grünspecht	15			
27	Mönchsgrasmücke	10			
27	Fitis	10			
27	Zilpzalp	10			
27	Waldlaubsänger	15			
28	Schwanzmeise	15			
28	Sumpfmeise	10			
28	Gartengrasmücke	15			
28	Tannenmeise	10			
29	Trauerschnäpper	15			
29	Gartenrotschwanz	15			
29	Sommergoldhähnchen	10			
29	Wintergoldhähnchen	10			
29	Rotkehlchen	10			
30	Buchfink	5			
	Summe				

Seite	Art	Pkt.	Datum	Datum	Datum
30	Fichtenkreuzschnabel	15			
30	Zeisig	15			
30	Birkenzeisig	20			
31	Waldbaumläufer	15			
31	Eichelhäher	10			
31	Kleiber	10			
31	Ringeltaube	5			
32	Fasan	10			
32	Waldschnepfe	25			
32	Auerhuhn	25			
33	Rothirsch	15			
33	Damhirsch	20			
33	Reh	10			
33	Rotfuchs	15			
34	Dachs	25			
34	Iltis	25			
34	Wildkatze	25			
34	Baummarder	25			
35	Feldwaldmaus	10			
35	Gelbhalsmaus	20			
35	Waldspitzmaus	15			
35	Haselmaus	15			
36	Eichhörnchen	10			
36	Wildkaninchen	5			
36	Feldhase	5			
37	Edelreizker	15			
37	Violetter Lacktrichterling	5			
		Summe			

Seite	Art	Pkt.	Datum	Datum	Datum
37	Nelken-Schwindling	10			
38	Pfifferling	20			
38	Wald-Champignon	15			
38	Steinpilz	10			
38	Hallimasch	5			
39	Graukappel Birkenpilz	5			
39	Kirschroter Spei-Täubling	5			
39	Brätling	10			
40	Grüner Knollenblätterpilz	15			
40	Fliegenpilz	5			
40	Stinkmorchel	5			
41	Riesenrötling	15			
41	Bitterschwamm	25			
41	Kahler Krempling	10			
42	Scharbockskraut	5			
42	Goldnessel/Taubnessel	10			
42	Stangellose Schlüssel-blume/Primel	15			
43	Wald-Ziest	10			
43	Roter Fingerhut	10			
43	Hain-Veilchen	10			
44	Kleines Immergrün	15			
44	Hasenglöckchen	25			
44	Kriechender Günsel	10			
45	Waldsauerklee	5			
		Summe			

Seite	Art	Pkt.	Datum	Datum	Datum
45	Walderdbeere	10			
45	Buschwindröschen	5			
46	Wald-Bingelkraut	5			
46	Große Brennnessel	5			
46	Gefleckter Aronstab	15			
47	Adlerfarn	10			
47	Gemeiner Tüpfelfarn/ Engelsüß	15			
47	Gemeiner Rippenfarn	20			
47	Hirschzunge	20			
48	Queckenfalter/ Waldbrettspiel	10			
48	Kleiner Eisvogel	15			
48	C-Falter	15			
49	Großer Schillerfalter	20			
49	Märzveilchenfalter	15			
49	Faulbaumbläuling	15			
50	Blausieb	10			
50	Weidenbohrer	15			
50	Roseneule	10			
50	Grüneule	10			
51	Birkenspanner	5			
51	Kiefernspanner	5			
51	Eichenwickler	10			
51	Kiefernschwärmer/ Tannenpfeil	5			
52	Haselnussbohrer	15			
		Summe			

Seite	Art	Pkt.	Datum	Datum	Datum
52	Großer Kiefernrüssler	10			
52	Birkenblattroller	15			
53	Hirschkäfer	25			
53	Ameisenbuntkäfer	20			
53	Vierstreifenschmalbock	15			
54	Buchdrucker	5			
54	Violetter Laufkäfer	15			
54	Augenfleckiger Marienkäfer	10			
54	Glühwürmchen/ Leuchtkäfer	10			
55	Räuberische Baumwanze	20			
55	Grüne Fichtengallenlaus	15			
55	Kommaschildlaus	15			
55	Waldgrille	20			
56	Riesenholzwespe	20			
56	Riesenschlupfwespe	20			
56	Hornisse	5			
56	Große Birkenblattwespe	15			
57	Rote Waldameise	15			
57	Brauner Steinläufer	10			
57	Wald-Schnurfüßler	10			
58	Raubspinne	15			
58	Gemeine Kreuzspinne	5			
58	Krabbenspinne	25			
		Summe			
		Gesamtsumme			

Namensverzeichnis

Worterklärungen

Blattnarbe: Nach dem Abfallen des Blattes vom Blattstiel bleibt eine „Narbe“ zurück.

Dolde: Eine Gruppe von Blüten, deren Stiele alle am gleichen Punkt ansetzen.

Eingeschlechtig: Die Blüten einer Pflanze sind entweder weiblich, dann enthalten sie nur Fruchtblätter, oder männlich, dann enthalten sie nur Staubblätter. Im Gegensatz dazu gibt es auch Pflanzen, deren Blüten gleichzeitig Fruchtblätter und Staubblätter enthalten.

Häufig: Die Art kommt an ihren Fundorten in großer Individuenzahl vor.

Hochblatt: Eine Form eines Laubblattes, das sich im oberen Bereich des Sprosses befindet und sich von den anderen Laubblättern in Form und Größe unterscheidet.

Kelchblätter: Umgeben und schützen die Blüte im Knospenstadium.

Knospe: Die noch nicht voll entwickelte Spitze eines Sprosses.

Larve: Die Jugendform von Tieren, die während ihrer Entwicklung zum erwachsenen Tier eine Metamorphose (Gestaltumwandlung) durchmachen.

Naturwaldreservat: Abgetrennte Parzellen eines Waldes, die ohne irgendeinen menschlichen Eingriff sich selbst überlassen werden; dienen vor allem der Erforschung.

Rispe: Eine mehrfach verzweigte Traube, deren Äste jeweils eine Endblüte besitzen.

Sporn: Ein Blatt hat eine spitzkegelförmige Aushöhlung.

Traube: Eine Gruppe von Blüten mit mehr oder weniger gleich langen Seitenachsen.

Verbreitet: Das Verbreitungsgebiet einer Art weist regionale Lücken auf.

Zerstreut: Das Verbreitungsgebiet einer Art ist durch größere Lücken unterbrochen.

Zweihäusig: Eine Pflanze, bei der ein einzelnes Individuum entweder nur männliche oder nur weibliche Blüten hat.